科学原理早知道 力与能量

被吸住了！

[韩]金亨根　文
[韩]金瑞英　绘
罗兰　译

U0228659

化学工业出版社
·北京·

萌萌家今天点了比萨外卖。

比萨店的大叔不仅送来了比萨，还带来了一个神奇的东西。

写着店铺电话的正方形卡片居然能吸到冰箱上面。

"很神奇吧！这张卡片里面有磁铁。"萌萌的爸爸说道。

能贴在冰箱上面的广告卡片是用磁铁做的。　　　1

"那磁铁都能吸在什么地方呢?
是任何地方都能吸住吗?"
萌萌很好奇磁铁为什么能吸在冰箱上面。
"我们一起试一下好吗?"

萌萌把她宝物箱子里面的东西都倒在地上。
"用磁铁把这些东西都试一下吧。"

萌萌决定了解一下磁铁都能吸住什么。　3

萌萌用磁铁靠近这些物体。
"能吸住剪刀。曲别针、铁钉、刀、铁质的笔筒也都能吸住。
哦，磁铁吸不住镜子。硬币、橡皮和彩纸也都吸不住。
磁铁也吸不住悠悠球和我的小熊玩偶。"

剪刀、曲别针、铁钉、刀、铁质笔筒能被磁铁吸住。镜子、硬币、橡皮、彩纸、小熊玩偶不能被磁铁吸住。

"试试这里怎么样？"
萌萌把磁铁靠近玻璃窗，
磁铁没有吸住玻璃，
"咚"地一声掉在了地上。
"为什么有的东西能被磁铁吸住，有的东西
不能被磁铁吸住呢？"
爸爸马上就解答了萌萌的疑问：
"能被磁铁吸住的物体是不是都是铁质的？
磁铁很喜欢铁质的东西。"

"当磁铁靠近铁的时候，铁就会变得像磁铁一样。

萌萌如果有喜欢的人，也会想要变得和他一样对吧？和这个原理一样。

像这样让铁带有了磁铁性质的现象就叫做磁化。

被磁化的铁就能够被磁铁吸住了。"

"那玻璃呢？"

"玻璃靠近磁铁也不会变得和磁铁一样。"

"啊！所以它才不会被磁铁吸住！"

剪刀是铁质的，能被磁铁磁化，所以会被吸住。

玻璃不能被磁化，所以不能被磁铁吸住。

"磁铁是怎么产生的呢？磁铁有两极。

指向南方的就是南（S）极，指向北方的就是北（N）极。

磁铁的同极是相互排斥的，异极才会相互吸引。

我们试着用这个原理做游戏吧！"

爸爸和萌萌把磁铁贴在玩具小汽车上面，

手里拿着另一块磁铁，玩起了汽车赛跑。

"准备，出发！"

因为磁铁的同极互相排斥，爸爸的小汽车跑了很远。

而萌萌的小汽车却被手里的磁铁吸住了。

这是因为磁铁的异极之间相互吸引。

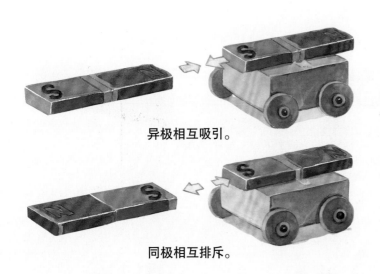

异极相互吸引。

同极相互排斥。

磁铁的同极相互排斥，异极相互吸引。

咚!
爸爸的小汽车跑得太远了,撞倒了装着曲别针的盒子。
曲别针哗啦啦地全都撒了出来。
"我用磁铁把曲别针都收集起来。"
萌萌把磁铁靠近曲别针,曲别针都被吸了上来。
奇怪,为什么曲别针只吸在磁铁的两端呢?
"很神奇吧?这是因为磁铁的两端磁力最强,中间磁力最弱。"
爸爸说道。

磁铁的同极相互排斥，异极相互吸引。 9

咚！
爸爸的小汽车跑得太远了，撞倒了装着曲别针的盒子。
曲别针哗啦啦地全都撒了出来。
"我用磁铁把曲别针都收集起来。"
萌萌把磁铁靠近曲别针，曲别针都被吸了上来。
奇怪，为什么曲别针只吸在磁铁的两端呢？
"很神奇吧？这是因为磁铁的两端磁力最强，中间磁力最弱。"
爸爸说道。

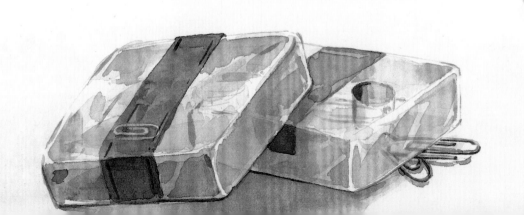

磁铁的两端磁力最强。

地球是一个巨大的磁铁

　　指南针一直指向一个固定的方向，这是因为地球是一个巨大的磁铁。

　　地球有很多铁类物质。

　　地球的中心温度非常高，铁因为受热就带有了磁铁的性质。

　　地球的北边是 S 极，

　　地球的南边是 N 极。

　　所以指南针的 N 极总是指向地球的北方。

　　这是因为异极有相互吸引的力量。

"看到磁铁的神奇力量了吗？"
爸爸把磁铁放在玻璃板下面，
在玻璃板上面撒上铁粉，然后敲打玻璃板。
"哇！这是魔术吗？"
萌萌大吃一惊。
玻璃板上面的铁粉就像画画一样排成了一排。
"铁粉越密集的地方，磁力就越强。"

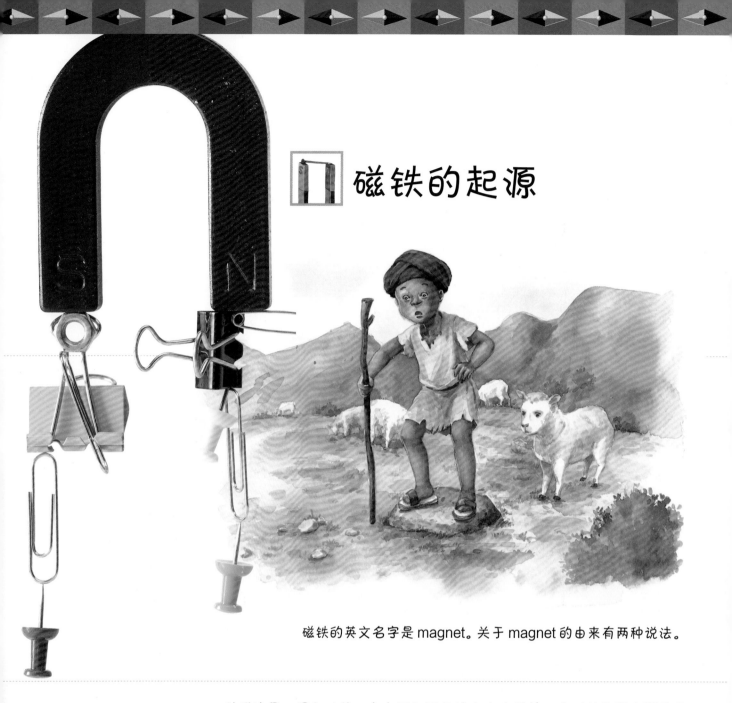

磁铁的起源

磁铁的英文名字是 magnet。关于 magnet 的由来有两种说法。

一种说法是：很久以前，在小亚细亚伊达山上生活着一个叫做马哥内斯的牧羊少年。有一天，少年赶着羊群从一个黑色石头旁经过的时候，突然拐杖和皮鞋都被石头吸住了。他费了好大力气才把拐杖和皮鞋拿下来。后来少年知道了，这是因为在拐杖和皮鞋底下都贴了铁的原因。从那之后，世界上有能够吸住铁的石头的传闻就传开了。那种石头就根据少年的名字被叫做 magnet。后来 magnet 就用来代指磁铁。

另一种说法是：很久以前，在小亚细亚有一个叫做马哥内斯的地方，那里有能够吸住铁的石头。大家就把这种能够吸住铁的石头叫做 magnet，后来就用这个名字代指磁铁。磁铁在很久以前就被人类发现，并且开始利用起来。最开始使用的磁铁是自然中的铁矿石。后来使用的是给铁加热加压后做成的磁铁。

磁铁的使用

磁悬浮列车是利用磁铁同极相互排斥的性质制作而成的。

在贴着磁铁的铁路上，如果行驶过挂有磁铁的列车，因为同极之间互相排斥，所以列车和铁路就不会挨上，保持着浮在空中的状态行驶。这样行驶的时候既不会发出声音，还能减少摩擦力，因此速度很快。

的性

非

录像带、信用卡、存折、地铁卡中也使用了磁铁。

贴着带有磁铁成分的磁条，里面记录着各种信息。

但是这些东西如果靠近强磁铁就会失效。

所以现在逐渐用植入电脑芯片的IC卡、智能卡来代替磁条卡。

将两个磁铁的同极面对面摆放

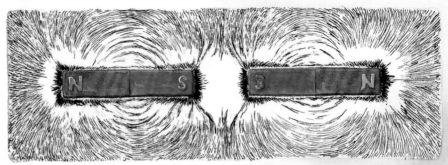

将两个磁铁的异极面对面摆放

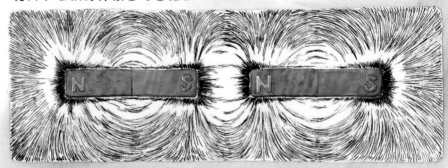

将两个磁铁的同极并排摆放

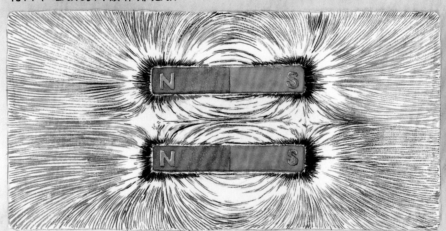

将两个磁铁的异极并排摆放

磁力越强的地方，铁粉就越密集。 17

北极

S

把铁加热加压后再通电就会变成磁铁。

这样制作出来的磁铁叫做电磁铁。铁如果一直带有磁铁的
质会带来很多问题：因为它会一直吸引铁质物品。

电磁铁只有通电的时候才会有磁铁的性质，所以使用起来
常便利。

把铁质物品一下子提起来的时候使用的也是电磁铁。

"爸爸！没有了磁铁，这些曲别针也能吸到一起了。"

"哈哈。萌萌，这些曲别针已经变成磁铁了。"

"为什么？"

"曲别针长时间吸附在磁铁上面的话，就会带有和磁铁一样的性质，自己也变成磁铁。当然，这只是短时间的。

在铁钉上面缠上电线然后通电，它也会变成磁铁，这就叫做电磁铁。"

爸爸制作了一个电磁铁给萌萌看。

制作电磁铁使用的铁钉要多次加热、冷却后再使用。这样更容易带有磁铁的性质。

电磁铁

临时磁铁

被磁铁吸过的曲别针会在短时间内变成磁铁。

这就叫做临时磁铁。

有强磁性的普通磁铁叫做永久磁铁。

永久磁铁

磁性强的磁铁叫做永久磁铁，在短时间里带有磁性的磁铁叫做临时磁铁。　19

"萌萌呀，在指南针里面也有磁铁。想看看吗？指针一直指向同一个方向对吧？"

爸爸晃了晃指南针，指南针的指针晃动了几下后停了下来。

"指南针的北（N）极指向地球的北方。这是因为在地球深处有很多和磁铁性质一样的物质。所以地球就相当于磁铁一样。"

"指南针无论在地球的任何地方都指向北方吗？"

"当然了！所以从古代开始，乘船穿过大海的时候都一定会使用指南针。

这样才不会迷路。飞机也是一样的。"

用磁铁做成的指南针的北极始终指向地球的北方。

"爸爸！如果没有指南针，我们就不知道地球的北方在哪边了吗？"

"不是这样的。用萌萌手里的磁铁也能知道。"

爸爸把磁铁系在线上，悬挂起来。

磁铁也像指南针一样指出了方向。

"真的和指南针一样呢！"

把磁铁系在线上悬挂起来，磁铁就会像指南针一样指出方向。　　23

"哇，是满月！"萌萌跑到窗边喊道，

"那月球也和地球一样是磁铁吗？"

爸爸紧接着回答道：

"月球不像地球有这么多的带有磁铁性质的物质，所以月

球没有磁性。"

"那指南针呢？指南针在月球上也会指向北方吗？"

"不会，在月球上面指南针一点用处都没有。"

月球和地球不同，没有磁铁的性质。所以在月球上指南针没有用。

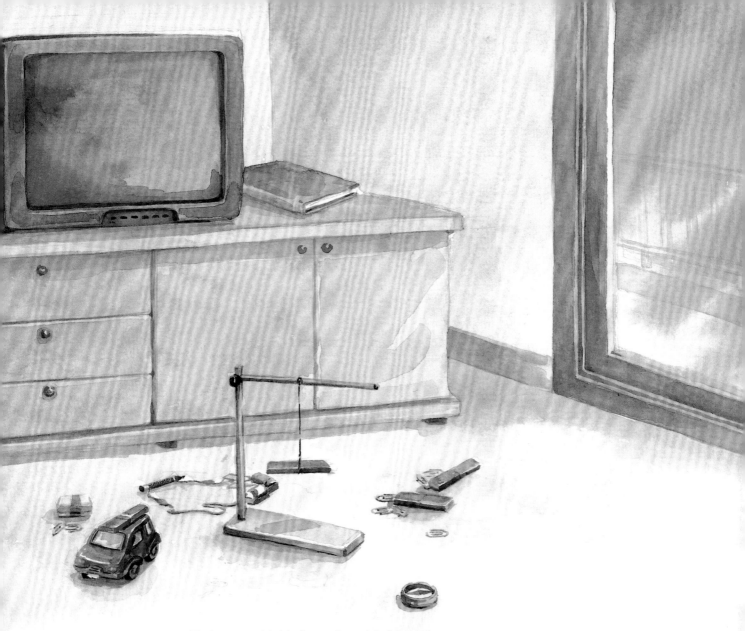

几天后，萌萌家又点了比萨外卖。

爸爸用信用卡结账后，又给萌萌讲了有趣的事儿。

"在我们的生活当中，磁铁的用处很多。

这个信用卡利用了磁铁的特性。

公交卡和存折也用到了磁铁的特性。

在银行卡和存折的后面都有一条黑色的磁条。

在那里藏着磁铁，把我们需要的信息存储在里面。"

"哇，磁铁真是个好东西啊！"

萌萌思考着还有哪些地方用到了磁铁。

信用卡、公交卡、存折的后面都使用了磁铁。　　27

制作一个针形磁铁吧!

磁铁分为条形磁铁、马蹄形磁铁、环形磁铁、柱形磁铁、圆形磁铁等。

磁铁也可以做成针形。

用磁铁多次摩擦一根针,针就会带有磁铁的特性。

试着用针做一个针形磁铁吧!

实验材料　粗的针、条形磁铁、指南针

实验方法

1. 把一根粗针的针尖贴在磁铁的北极后,向同一个方向多次摩擦。
2. 把用磁铁摩擦过的针尖靠近指南针,观察指南针的指针怎样移动。
3. 把另一个针的针尖贴在磁铁的南极后,用同样的方法摩擦。
4. 把用磁铁摩擦过的针尖靠近指南针,观察指南针的指针怎样移动。

实验结果

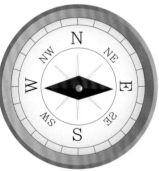

S 极(用条形磁铁的 N 极摩擦过。)

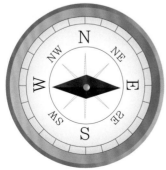

N 极(用条形磁铁的 S 极摩擦过。)

为什么会这样呢?

如果用针摩擦磁铁,针就会被磁铁磁化。如果用条形磁铁的 N 极摩擦,针尖就会变成 S 极,如果用条形磁铁的 S 极摩擦,针尖就会变成 N 极。

用磁铁摩擦后的针尖和指南针,由于磁极不同,产生了相互吸引力,所以针尖产生的磁极会吸引指南针上与它相反磁极的指针。

飞起来的蝴蝶!

磁铁可以吸住铁。

我们虽然看不到磁铁的磁力，但是它能将物体吸起来。

试着用磁铁让蝴蝶模型飞起来吧。

实验材料　条形磁铁、纸、剪刀、彩色铅笔、透明胶带、线、曲别针

实验方法

　　1. 在纸上画好一只蝴蝶，然后用剪刀剪下来。

　　2. 把剪下来的蝴蝶用透明胶带固定在曲别针上。

　　3. 把线系在曲别针上，然后再把线的另一端固定在地板上。

　　4. 用磁铁靠近蝴蝶模型，试着让蝴蝶飞起来。

　　5. 试着在磁铁和蝴蝶中间放一张纸。蝴蝶怎么样了？

实验结果

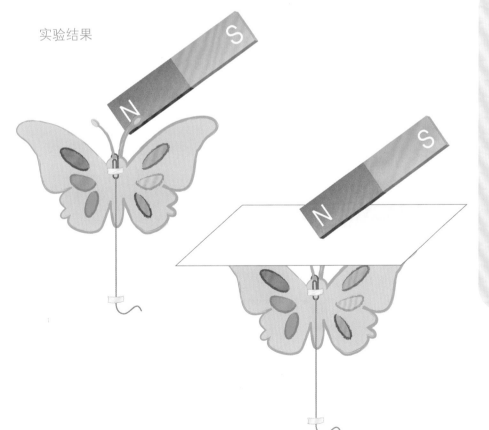

为什么会这样呢？

　　磁铁的磁力所波及的空间叫做磁场。在磁场附近的曲别针会被磁铁吸引。

　　但是，固定在曲别针上的蝴蝶因为被线系住了，所以不会被吸走，就飘在了空中，就像蝴蝶在空中飞舞一样。

　　还有，磁铁的磁力可以穿过像纸这种不被磁铁吸引的物体。所以用纸将磁铁和蝴蝶隔开，并不会阻碍磁铁将曲别针吸起来。

问题 磁铁的磁极可以切开吗?

把磁铁切成两半,磁铁的 N 极和 S 极也不会消失。磁铁被切开也还是磁铁。把大的条形磁铁从中间切开,不会把磁铁的 N 极和 S 极完全分开。N 极和 S 极会重新产生,变成另一个有两极的完整磁铁。将切开的磁铁再次切开,也只能变成更小的磁铁,N 极和 S 极不会被分开。

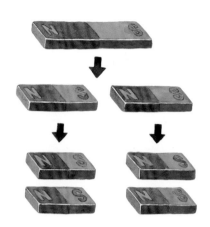

问题 公交卡或者地铁卡里面使用的是什么样的磁铁?

信用卡、公交卡、地铁卡的后面都贴着一条灰色的带子。银行存折后面也贴着一条灰色的带子。这个灰色的带子就是用磁铁做成的,叫做磁条。

磁条里存储着存款余额、使用期限、使用次数等银行相关信息。在乘坐公交车、地铁或者去银行时,将磁条贴近读卡装置,机器就会自动读取磁条内的信息,然后进行处理。

磁条卡虽然使用起来很方便,但是碰到强磁铁的话,里面的信息就可能会被清除。现在正在用装有电脑芯片的卡来代替磁条卡。这种电脑芯片卡叫做IC卡。IC卡就算靠近磁铁,里面存储的信息也不会被清除,它比磁条卡能存储更多的信息,所以使用起来也更加便利。

磁条的内部和条形码类似,里面有很多包含着信息的竖线。

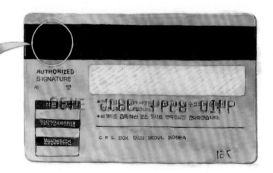

问题 如果想要长期使用磁铁要怎么做呢？

就算是永久磁铁，长时间使用的话，磁铁的磁力也会逐渐变弱。如果想要长期使用磁铁，就需要妥善保管。保管条形磁铁时需要把磁极相反的两端吸在一起。马蹄形磁铁则要把两个磁铁吸在一起，或者用铁钉把磁铁的两极连接在一起来保管。因为把同极相对的话，磁铁的磁性会很容易消失。

还有强磁铁和弱磁铁不能吸在一起保管。另外要注意的是，磁铁受热或者受到冲击都会让磁性变弱。

科学话题

体内带有磁场的生物

有的生物体内含有磁场。不是我们实验中所使用的磁铁，而是用来感知地球的南极和北极位置的磁场。这种磁场叫做生物磁场。

候鸟是体内带有生物磁场的代表性生物。像燕子这样的夏季候鸟，大雁这样的冬季候鸟，寻找春天和秋天的鹬鸟类，这些鸟类的体内都有磁场。在我们周围比较常见的鸽子体内也有磁场。这些鸟利用体内的磁场可以找到家，就算是第一次飞去的地方也能找到方向。

这个一定要知道！

阅读题目，给正确的选项打√。

1 标出所有不能被磁铁吸引的物体。

☐ 橡皮
☐ 铁钉
☐ 曲别针
☐ 硬币

2 把磁铁靠近指南针。磁铁的 N 极靠近指南针，指南针的哪一极会被吸引？

☐ N 极
☐ S 极
☐ N 极和 S 极
☐ 都不会被吸引

3 只有通电的时候才会带有磁铁的特性，这种磁铁叫做什么？

☐ 条形磁铁
☐ 电磁铁
☐ 永久磁铁
☐ 马蹄形磁铁

4 以下哪些没有利用磁铁的特性？

☐ 剪刀
☐ 信用卡
☐ 磁悬浮列车
☐ 指南针

1. 橡皮、硬币 / 2. S 极 / 3. 电磁铁 / 4. 剪刀

科学原理早知道　力与能量

力与能量	物质世界	我们的身体	自然与环境
《啪！掉下来了》	《溶液颜色变化的秘密》	《宝宝的诞生》	《留住这片森林》
《嗖！太快了》	《混合物的秘密》	《结实的骨骼与肌肉》	《清新空气快回来》
《游乐场动起来》	《世界上最小的颗粒》	《心脏，怦怦怦》	《守护清清河流》
《被吸住了！》	《物体会变身》	《食物的旅行》	《有机食品真好吃》
《工具是个大力士》	《氧气，全是因为你呀》	《我们身体的总指挥——大脑》	
《神奇的光》			

33

推荐人 朴承载教授（首尔大学荣誉教授，教育与人力资源开发部科学教育审议委员）
作为本书推荐人的朴承载教授，不仅是韩国科学教育界的泰斗级人物，创立了韩国科学教育学院，任职韩国科学教育组织联合会会长，还担任着韩国科学文化基金会主席研究委员、国际物理教育委员会（IUPAP-ICPE）委员、科学文化教育研究所所长等职务，是韩国儿童科学教育界的领军人物。

推荐人 大卫·汉克（Dr.David E.Hanke）教授（英国剑桥大学教授）
大卫·汉克教授作为本书推荐人，在国际上被公认为是分子生物学领域的权威，并且是将生物、化学等基础科学提升至一个全新水平的科学家。近期积极参与了多个科学教育项目，如科学人才培养计划《科学进校园》等，并提出《科学原理早知道》的理论框架。

编审 李元根博士（剑桥大学理学博士，韩国科学传播研究所所长）
李元根博士将科学与社会文化艺术相结合，开创了新型科学教育的先河。
参加过《好奇心天国》《李文世的科学园》《卡卡的奇妙科学世界》《电视科学频道》等节目的摄制活动，并在科技专栏连载过《李元根的科学咖啡馆》等文章。成立了首个科学剧团并参与了"LG科学馆"以及"首尔科学馆"的驻场演出。此外，还以儿童及一线教师为对象开展了《用魔法玩转科学实验》的教育活动。

文字 金亨根
在首尔教育大学科学教育专业毕业后，继续就读于延世大学教育研究生院物理教育专业，现担任首尔新溪小学的一线教师。同时在科学英才教育学院、发明教室、科学中心学校等机构担任讲师。并在多年间一直参加EBS科学节目录制，解决孩子们对科学的好奇心。致力于儿童科学教育，积极参与小学教师联合组织"小学科学信息中心""小学科学守护者"。曾编写《变变变，科学魔术》《神奇的科学工厂》《重量与杠杆的规则》《磁铁与磁场》《小学教科书中的实验与观察》等多本科学相关图书。

插图 金瑞英
作为一名插画家，致力于创作更亲近孩子并且给孩子们带来温暖的图画。代表作品有《孩子的愿望》《蒙蒂的梦境》《讨厌妈妈的时候》等。

철이 자석에 붙었어요
Copyright © 2007 Wonderland Publishing Co.
All rights reserved.
Original Korean edition was published by Publications in 2000
Simplified Chinese Translation Copyright © 2022 by Chemical
Industry Press Co.,Ltd.
Chinese translation rights arranged with by Wonderland Publishing Co.
through AnyCraft-HUB Corp.,Seoul, Korea & Beijing Kareka
Consultation Center, Beijing, China.
本书中文简体字版由 Wonderland Publishing Co. 授权化学工业出版社独家发行。
未经许可，不得以任何方式复制或者抄袭本书中的任何部分，违者必究。

北京市版权局著作权合同版权登记号：01-2022-3379

图书在版编目（CIP）数据

被吸住了！/(韩)金亨根文；(韩)金瑞英绘；
罗兰译.—北京：化学工业出版社，2022.6
（科学原理早知道）
ISBN 978-7-122-41017-7

Ⅰ.①被… Ⅱ.①金…②金…③罗… Ⅲ.①磁性—
儿童读物 Ⅳ.①O441.2-49

中国版本图书馆CIP数据核字（2022）第047721号

责任编辑：张素芳
文字编辑：旮景岩
责任校对：王 静
封面设计：刘丽华
装帧设计：溢思视觉设计／程超

出版发行：化学工业出版社
（北京市东城区青年湖南街13号 邮政编码100011）
印 装：北京华联印刷有限公司
889mm×1194mm 1/16 印张2¼ 字数50千字
2023年3月北京第1版第1次印刷

购书咨询：010-64518888
售后服务：010-64518899
网 址：http://www.cip.com.cn
凡购买本书，如有缺损质量问题，本社销售中心负责调换。

定 价：25.00元 版权所有 违者必究